シャンパーニュの二十四節気

木村 佳代

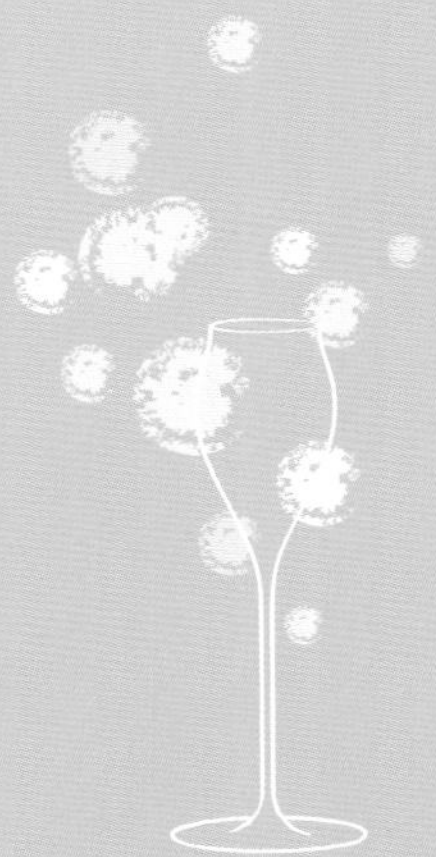

vita
SANGAKUSHA

まえがき

Champagne（シャンパーニュ）とは、フランスのシャンパーニュ地方で作られる発泡性のワインのこと。

私が初めてシャンパーニュを口にしたのは、今から約十年前のことだった。上京してすぐの年の瀬に、海が見えるホテルのレストランで、母とランチを頂きながら、一杯ずつクリスタル[1]をオーダーした。そのクリスタルがシャンパーニュであるかどうかもよくわからないまま、一杯五千円もするそれを、あまりの美味しさと心地よさにあっという間に飲み干し、まるで見たことのない世界を見たような感覚になったのを、今でも鮮明に覚えている。

東京という街の、並外れたスピードと情報の多さに疲れてしまっていた私にとって、新しい世界観を示してくれた一杯のシャンパーニュは、のちに私の人生を変え、心を豊かにしてくれる生涯のパートナーとなっていった。

「シャンパーニュで人生が変わりましたか？　いえいえ、人生をも変えるのがシャンパーニュです」

そんなシャンパーニュと、毎日共に歩む人生も、既に六年が過ぎようとしている。あのとき、もしクリスタルを飲んでいなかったら、私は今とは全く別の道を歩んでいただろう。日々、シャンパーニュに触れていたら、グラデーションのようにうつりかわる日本の美しい四季に合わせたシャンパーニュを選べるようになってきた。季節に寄り添うことで、いつも飲んでいるシャンパーニュを、より美味しく感じることができて、自分の心と体にも向き合えるようになった。

本場フランスで頂くシャンパーニュは格別に美味しい。クリュグ社の当主オリヴィエは「シャンパーニュには旅をさせるな」と言っていた。しかし、日本で飲むことの醍醐味も必ずある。それはフランス人が羨むほどの繊細な食材や料理、季節ごとに咲く花々が繰り広げる自然美を、旅をしてきたシャンパーニュたちは、到着した日本で私たちと一緒に愛でることができる。それは、彼らにとってもまた、この上ない幸せであると、私は確信している。

Contents

○カバーデザイン ジャパンスタイルデザイン（榎本明日香）
○本文デザイン ジャパンスタイルデザイン（山本加奈）
○カバー写真 小松勇二
○企画・制作 ラートビー エディトリアル 久保田雄城

1

立春

りっしゅん

——二月四日頃から

「はるの気たつをもってなり」

光の色、風のにおい、鳥のさえずりと虫の羽音。心と体をほぐしたら、朝の光の中で深呼吸をひとつ。厳しくも美しい表情を織りなす日本の四季は、まだ冷たい空気の中にある立春から始まる。水面の氷も薄くなり、土は湿り気を帯びてくる。南からの暖かい空気を吹き込んで、一気に春色に塗りかえる支度もできているようだ。ここから始まる地球の呼吸は、大きく静かに私たちを包み込んでいく。

朝食のかおり

立春の朝は、お気に入りのムスカリ柄のカフェオレボウルを出す日である。夏は椰子《やし》の木とヨット、秋は銀杏《いちょう》、冬になると可愛らしい真鴨《まがも》の親子の柄に変える。食卓に彩りを添える

rissyun

カフェオレボウルを、季節ごとに絵柄を変えて使うことは、私のささやかな贅沢《ぜいたく》であり、こだわりでもある。
「カフェオレボウルの衣替え」という小さな儀式が終ると、それに金糸雀色《かなりあいろ》のお茶を熱めに入れ、両手をカフェオレボウルで温めるように包んで、少しずつ頂く。これが私の朝の日課になっている。

日々の生活の基本は朝にあると思っている。起きぬけの体が何を求めているのかを、自分で自分の体に聞いてみる。以前は、そのカフェオレボウルでコーヒーやカフェオレ、きれいに泡立てたフォームミルクを浮かべたカプチーノやあれこれを楽しんでいたのに、ある日突然その不透明な飲み物に違和感を覚えるようになってしまった。理由はわからない。けれども体がそう言うのだから欲するがままにこの五年、朝はお茶を飲んでいる。コーヒーだと見えなくなってしまうカフェオレボウルの内側の絵柄が、お茶だと透けて見えるところもわりと気に入っているし、コーヒーを入れる手間に比べたら、ポットひとつですぐに美味しい一杯が入る。今はそんな気分なのだ。ほんの少しの時間自分と向き合うことで、自分自身の心のうつろいや、変わりゆく季節にうまく身を任せることができるようになって、生きやすくなった。心と体のバランスを維持するのは、実はすごくシンプルで簡単なことのくり返しなのかもしれない。でも本当は、フランスの田舎町で食べた、ルイナール社のブラン・ド・ブラン[2]の香りがする、白磁の皿に盛られた理想の朝食を、このカフェオレボウルにきちんとカフェオレを入れて、毎朝頂きたいと思っている。

一七二九年に創立、シャンパーニュ・メゾン[3]最古の歴史を持つルイナール社が造り出す、ブラン・ド・ブランという賜物。コルクを抜いてすぐに漂うアカシアのような蜂蜜の香りは、目覚めを促すための優しい香りがする。口に含むと、香ばしく焼き上げたクロワッサンに、上質なバターをたっぷり塗って頬張ったような香りが広がり、思わず笑顔がこぼれる。フロマージュはブリ・ド・モー。それにオレンジのコンフィチュールを少しのせた濃厚でフェミニンな余韻の最後は、かすかにコーヒーの香りがする。毎日こんな朝食だったら、朝が来るのが待ち遠しくなるし、早起きも苦にならない。お茶を注いだカフェオレボウルも悪くないけれど、いつかは質素だけど蜂蜜が香る、理想の朝食を毎日頂きたい。

2

雨水

うすい

――――――――― 二月十九日頃から

「陽気地上にはっし、雪氷とけて雨水となればなり」

雪は雨に変わり、つもった雪も溶け始める雨水。遠くの山からは鶯《うぐいす》の声も届き、春はもうそこまでやってきているはずなのに、関東から東海では、冬には降らなかった雪が降ることもしばしば。草木は寒さをぐっとこらえながら芽吹きの準備をしているようだが、ひとあし先に梅や花椿《はなつばき》が咲きほころび、甘い香りを漂わせはじめる。寒さが残る春先に、庭で咲き始めた花々は秋の終わりごろに植えたもの。地中の方が暖かくなる自然の摂理をかしこく利用して越冬した小さな花たちは、春本番を心待ちにしているようだ。

Fleur de Rosé　エリカ

「小さなお花がたくさん！　可愛らしいブーケのようですね、すごく好きな感じです。飲む

usui

なら春かなぁ……華美な感じはしないけど、控えめで健気な雰囲気が伝わってきますね」編集者とそんな会話をしながらテイスティングしていたのは、ボーモン・デ・クレイエール社のフルール・ド・ロゼ二〇〇四年。ガーデンシクラメンのような少し濃い色をしたロゼ[4]は、シャルドネ[5]三十%のニュアンスが最後までキュッと全体をまとめ上げ、エレガントな余韻が優しく続いていた。大抵、テイスティングの仕事ともなると神経を集中させるせいか、終わるととても疲れて足早に帰宅してしまうのだけれど、プレステージュ[6]やブラン・ド・ブランをテイスティングしたその後も、フルール・ド・ロゼの余韻が鼻孔に残っていて、編集者にお願いして余ったそれを頂いて帰って来た。「小さなお花がたくさん！」と漠然と表現してしまったその花が何なのかをもっと明確に編集者に伝えたかったのもあるし、何よりこの余韻が私の好みのタイプだった。

家には自分の趣味で手入れをしている花が数十種ある。その中からぴったりのイメージの花を探しに、フルートグラスに注いだそれを片手にベランダに出た。プランターではラナンキュラスやクロッカスの蕾《つぼみ》が先週よりも膨らんできていた。その隣では気温が上がると丈が伸びる葉牡丹《はぼたん》がまだ葉を縮めている。年末から咲き続けているビオラは小さな顔を沢山並べて微笑んでいるように見え、本当に愛くるしい。手をかければかけるほど、花はきれいに咲いてくれて、私の心を穏やかにしてくれる。

グラスに注いだボーモン・デ・クレイエールのロゼの色は思ったより淡くて、ガーデンシクラメンというより、まるでシャンパーニュの泡のような、小さなピンクの花をたくさんつけるエリカのイメージにぴたりと合った。ずいぶん昔に買ったエリカは、背が高いからとベランダのすみに置いてあって、放っておいても半年以上も花をつけて咲いている手のかからない子だ。近くで見ると小さな花ひとつひとつが、静かに自分の存在感を放っている。フルートグラスをフィルターにエリカを見つめながら、なんだか自分の学生時代を思い出した。口数は少ないのに背が高いだけで目立ってしまう。「目立つのだからキチンとしなさい！」と母親によく小言をいわれたものだ。そんなことを言われずとも凛《りん》と咲きほころぶ「エリカのような」という花の表現、編集者はピンとこなかったようだけれど、私だけの極上表現だ。

啓蟄

けいちつ ―― 三月六日頃から

「陽気地中にうごき、ちゞまる虫あなをひらき出ればなり」

春も折り返しになる啓蟄、冬眠していた虫たちが土から出てくる頃だ。うららかな陽気に誘われて外に出たくなるのは、彼らだけでなく人間も同じ。木々の新芽萌《も》ゆる山へ出かけよう。

オーベルジュ論

二〇〇七年に、赤い表紙のミシュランガイドが日本で創刊されてから、そこに登場する星付きのレストランがもてはやされ、日本国民は益々美食に興味を持つようになった。ミシュランガイドは、一九〇〇年に開催されたパリ万国博覧会で、自動車運転者向けのガイドブックとして発行されたのが始まりだ。フランスのタイヤメーカーのミシュラン社が、自社の製

keichitsu

品を履いた車でドライブしながら訪れるべきレストランやホテルを紹介した本で、自動車旅行を活性化させ、タイヤの売れ行きが上がることを目論んで出版した、タイヤ事業を発展させるための本だったのだ。そういわれると、日本の東京で、メトロやタクシーを使ってガイドに掲載されているレストランに行くのでは、本来のミシュラン社の思惑とはだいぶずれてしまっていて申し訳ないが、この本によって、日本においてのフランス料理の認知や、日本の食文化そのものが発展することになったのだから、タイヤのこともさることながら、ミシュラン様々だ。

その歴史を少しだけ知ることができたら、やはり春の山へ車で出かけたくなる。在来線やバスでは気づかない、自分の目線の春が見えてくるはずだ。目的地を決めるとしたら、距離はそんなに遠くなくても、自分の目でしっかり季節のうつろいを確かめられて心地がよいと思える、行き慣れているところがベスト（久しぶりの車の運転で緊張してしまうのは勿体《もったい》ないし）。萌葱色《もえぎいろ》の柳の新芽が目に飛び込んで来たところで、車を降りて少し歩く。冬の間にぬくぬくと過ごし、少々余分なものが溜《たま》った自分の体をリセットする。桜より一足早く咲く桃の花のピンクや、日だまりに舞う紋白蝶《もんしろちょう》の白が目に飛び込んで来たら、旅の目的は半分達成。さて、あとの半分は目的地にて身を委ねますか。

「おかえりなさい」と出迎えてくれたのは、中伊豆の川沿いに建つ、いつものオーベルジュのバトラーたち。ゆったりと流れる時間の中で、都会の喧噪《けんそう》から逃れてきた私を温かく出迎えてくれ、目で見た春の次に自然界の空気の匂い、そして何より自分では忘れていた春の味覚を思い出させてくれる。ふきのとうやこごみなどの旬の野菜たちは、ほろ苦さと若干のえぐみと共に、猛烈に春をアピールしてくる。その味わいを、アイ[7]とマイィ[8]のしなやかなピノ・ノワール[9]が中和する。魚へんに春と書く鰆《さわら》はクセのないホロリと優しい白身だ。それを、クラマン[10]をメインとした柔らかいシャルドネが寄り添い長い余韻を醸す。突出したところがないその味わい。そのシャンパーニュ、ペリエ・ジュエ社のグラン・ブリュット[11]のラベルには、エミール・ガレが描いた春先に花ひらくアネモネが咲きほころぶ。

最高の春爛漫《らんまん》。何が旬の食材なのか、どれが美味しいのか。そこの土地にどんな花が咲いているのか、どんな風に季節が変わったのか。そんなことを気づかせてくれる、人と場所、料理とシャンパーニュがあったら、人生はより満ち足りたものになるに違いない。

春分

しゅんぶん

——三月二十一日頃から

「日天の中を行て昼夜とうぶんの時なり」

プレステージュ・シャンパーニュ

二十七才のある穏やかな春の日、私は大切な人にとっておきのシャンパーニュをプレゼントしようと、表参道のいつものリカーショップへ向かっていた。当時の私といえば上京して三年が経った頃で、デザインの仕事をしていたせいか、好奇心も旺盛、東京でできた友人たちとホームパーティを開いてはシャンパーニュやワインを飲むようになっていた。お酒を覚えたのもこのタイミングだった。同じような仕事をする友人たちに、何か差をつけようと毎日必死だったし、そんなパーティで知り合った気になる彼の誕生日に、とっておきのシャンパーニュをプレゼントして気を惹《ひ》こうと、精一杯の背伸びをしていたのだった。店員さんがセラーから出してくれたのは、ランソン社のノーブル・キュヴェ[12]一九八九年だった。ちょ

syunbun

うどその時にお店に並んでいたヴィンテージ[13]は九十年代が大半だったのだけれど、なぜかどうしても八十年代のシャンパーニュが欲しくて探していて、結局、そのランソンしかなかったのを覚えている。九十年代との味わいの差なんて、当時の私にはわかるはずもないのに、ただ単純に古い方が美味しいのではないかという、素人判断で選び、迷わずそれを買ったのだった。そう、「好きな人にランソン・ノーブル・キュヴェ一九八九年を買う」のが目的ではなくて、「自分でプレステージュ・シャンパーニュを買う」というその行為そのものが、その時の私の本当の目的だったのかもしれない。なぜなら、その味わいを、私は漠然と「美味しい」としか覚えていないし、今でも思い出せない。思い出せることはといえば、偶然、彼がランソンを大好きでそのプレゼントに心から喜んでくれたこと。そして、それを買った自分に酔いしれていたことぐらいだった。

四月に入って桜も咲き始めるいい時期だというのに、花嵐の雨が降り、ゴロリと雷が唸《うな》る。その空を眺めながら彼との恋の行く末がどうなるのかと思い悩む暇もなく、春の嵐、まさに人生を変えるような出来事が、その後私に起こったのだった。ふと気づくと、いくつかの春が過ぎ、私も三十才を過ぎた大人になっていて、窓の外には夜桜がぼんやり見えていた。

「今日、彼の誕生日なんです。ちょっと奮発して、お祝いのシャンパーニュを選んで頂きたいのですが、お薦めありますか？」

「お誕生日なんですね、おめでとうございます。春生まれの男性には、こちらをお薦めしています。ランソン・ノーブル・キュヴェ。ヴィンテージは二〇〇〇年ですが、マロラクティック発酵[14]をさせていないので、白いフルーツを思わせるシャープな味わいと、生き生きとした泡が特徴的です。余韻もきれいでスパイシーなニュアンスが長く続きますし、時間をかけて、ゆっくり召し上がって頂くと、たくさんの表情を見せてくれる、素晴らしいシャンパーニュです。いかがでしょうか？」

恋人たちが、寄り添いシャンパーニュを楽しんでいるのを、微笑ましく見守る。数年前の、あの背伸びをした自分を思い出した。プレステージュのシャンパーニュを買うという行為そのものが、やっぱり私の人生を変えてしまったのだろう。しばらく恋をすることは忘れていたけれど、ランソン・ノーブル・キュヴェの蘊蓄《うんちく》は山ほど語れるようになった。

5

清明

せいめい

四月五日頃から

「万物はっして清浄《しやうじやう》明潔なれば、この芽は何の草としるる」

桜、燕《つばめ》、空の青

桜の堅い蕾《つぼみ》が日に日に膨らんで、あっという間に満開になる姿を見ると、すべての生命が生き生きとして見え、同時に強さを感じる。そう、美しいものは強いのだ。この季節になると、王冠に一輪の薔薇《ばら》が描いてあるG・H・マム社のロゼシャンパーニュを飲みたくなる。

藤田嗣治《つぐはる》という画家をご存知だろうか。日本を代表する芸術家として、フランスではあまりにも有名である。彼が描く乳白色の肌や猫の絵は、かの地で絶賛されエコール・ド・パリの代表的画家として知られている。フランスを愛してやまなかった彼は、一九五五年にフランス国籍を取得し、一九五九年にはカトリックの洗礼を受けるのだが、その洗礼式がシャン

seimei

パーニュの聖地、ランスにあるランス大聖堂で行われたことはあまり知られていない。晩年、彼はこのランスの地にメゾンを構えるG・H・マムの当主、ルネ・ラルゥ氏と親交が深かったことから、メゾンの隣に長年の夢だったチャペルを制作することになった。芝生に囲まれたそのチャペルの扉は、とても可愛らしいピンク色をしている。建物内部の天井にはわずか三ヶ月で書き上げたフレスコ画や、原爆を題材としたステンドグラスなどもあり、日本人としてのメッセージも感じることができる。しかしチャペルを完成させた三年後、彼は病のためこの世を去ることになってしまい、二〇一〇年に亡くなった君代夫人と共に、今はこのチャペルの中に静かに眠っている。

シャンパーニュ愛好家ならば誰もが憧れるであろうランスという地に、チャペルを作ったフジタを私は日本人として誇りに思う。愛好家ならば、ぜひともここを訪れて欲しい。必ずG・H・マムのロゼシャンパーニュが飲みたくなるはずだ。

そんなことを思いながらの春、そのロゼシャンパーニュを開ける度に、王冠に彼の描いた薔薇の花の絵が出てくる。これは当時、このロゼを発売するにあたってルネ・ラルゥ氏がフジタに依頼したものだ。原画は、La petite fille a la rose という作品。少女が手に薔薇を持っている、なんともフジタらしい作品だ。一輪の薔薇ににっこりと挨拶をすませたら、コルクを引き上げる。その瞬間から華やかな香りが広がり、「コートダジュールの碧《あお》い海を眺めながら、ゆったりと優雅に楽しんで欲しい」と、最高醸造責任者のディディエ・マリオッティ氏がまさに言っていたとおり、地中海を旅しているような気分になる。鴇色《ときいろ》のような柔らかい色合いに、ドザージュ[15]を抑えた凛然とした味わい。まさしく王冠のバラのイメージ通りの味がする。コートダジュールで……も素敵だが、春の日本には桜という贅沢がある。

日が高い時間から、芝生にごろりと寝転び、桜を愛でながら頂く。清々しく青い空に桜。ぼんやり、空の高いところで燕が行き交うのが目に入る。彼らが飛び回るのもまた、春の訪れを教えてくれているサインだ。

桜、燕、空の青、自然が織りなす色彩の美しさ。この景色さえあればシャンパーニュ以外何もいらない。日本で一番ロゼが似合う、素敵な季節だ。

6

穀雨

こくう

――――四月二十日頃から

「春雨ふりて百穀を生化すればなり」

しっとりとした春霞《はるがすみ》の空気は、人や街、遠くの山々をいつもより曖昧に映し出している。輪郭がぼんやり見えて、その先に一体何があるのか目を細めて見ようとするのだけれど、思うようにピントが合わない。心地よい暖かさと湿り気のあるその空気に包まれると、体の力がふわりと抜けていく感じすら覚えるけれど、無理に見ようとしなくても大丈夫。景色は何ひとつとして、今までと変わってはいない。春霞のもったりとした空気は、大地をやさしく包み込み、潤し、植物たちにそっと魂を吹き込んだらすぐに姿を消してしまう。その先が見える頃には、いつもの青空が広がり、大地は緑に輝き、また輪郭をきちんと映し出す。

kokuu

磨りガラス

シャンパーニュを飲み込んだ後の余韻といえば、細く長く、時には鋭いナイフのような強いイメージの酸と、紅玉の蜜を思わせるようなぎゅっとしたフィネス[16]が最高だと思っていた。その表情を持っているメニル[17]やアヴィズ[18]のグラン・クリュ[19]のシャルドネはやはり秀逸だ。あの酸の強さといったら、飲む側の私たちにすら緊張感を与えてくる。まるで完璧なスタイルを維持し続けるトップモデルのように。それに比べて、クラマンやシュイィ[20]。ぼやっとした丸みを帯びた酸が全然エレガントじゃないし、熟成したとしても限界があるだろう。何より、この口に残る甘く鈍い余韻もあまり好きになれない。シャルドネといったらやっぱりメニルに限る。グラン・クリュのシャルドネに対して、ずっとそんな先入観があったのに、ある春の日に頂いた蛤《はまぐり》の潮汁がきっかけで、まるで魔法にかけられたかのように、あの鈍い余韻のシャルドネにピントが合ってしまった。

丁寧に塗られた黒い漆器の底に、蛤は口をひらいて沈んでいた。結んだ三つ葉と、毬《まり》の形をしたお麩《ふ》が彩りを添えている。蛤から出るお出汁に塩をひとつまみ足しただけの、白濁としたお汁が蛤のすべてを伝えてくる。この季節にだけ頂くシンプルなお椀《わん》だ。なんというか舌の上で少し、ぬめっとするような感じというか、とろりとしているというか、テクスチャーでいうと磨りガラスのような感じ。線というより面で口の中に入って来て、角の取れた安心感がある。それがクラマンのシャルドネによく似ていると感じ出したのは、ディエボルトヴァロワ社のプレステージュを頂いていている時だった。コート・デ・ブラン[21]の石灰質土壌の中には、太古の昔そこが海だった故にミネラル分が多く存在している。その中でもクラマンは特に貝のミネラルを感じる。まるで春霞のような、曖昧な酸と余韻。けれども、その酸は決して裏切らず最後まで寄り添い、緊張感をほぐしてくれるような安らぎがある。どこか聞き覚えのある、エディット・ピアフの歌声が遠くのラジオから漏れているような感覚だ。春霞にディエボルトヴァロワ・プレステージュの優しい味わい。つい、うたた寝してしまいそうになった。

7

立夏

りっか

―――――――――― 五月六日頃から

「なつのたつがゆへなり」

「夏も近づく八十八夜、野にも山にも若葉が茂る……」八十八夜とは立春から八十八日目のこと。長寿を祈りお茶を飲む風習や、この日以降は遅霜の心配はいらないよ、という意味合いがある。まれに山間部では「九十九夜の泣き霜」と呼ばれる遅霜がこの立夏の時期に降りることがあって、農作物には充分に注意を払わなければならない。もちろんシャンパーニュ地方でも、この時期の遅霜は大敵、葡萄《ぶどう》の出来を大きく左右してしまう。とはいえ、茶摘みの歌通りに若葉が色濃くなり、気持ちの良い風と共に夏がやって来た。服装も軽やかなシルクシフォンや、オーガニックコットンのさらりとした肌触りのシャツが気持ちいい。優しい夏の日差しの下で、週末に気の合う友人たちとカジュアルなシャンパーニュパーティを開くとしたら、迷わず夏が似合うあのメゾンのシャンパーニュをセレクト。

rikka

変えなくてよいもの、変えて行かねばならないもの

誰もが知っているシャンパーニュ、モエ・エ・シャンドンの味わいが、二〇〇五年に最高醸造責任者に就任したブノワ・ゴエス氏によって、現代的に進化していることにお気づきだろうか。約五一〇〇社あるメゾンの中で、群を抜いた生産本数を誇るモエ・エ・シャンドン社。エペルネ[22]のアヴェニュー・ド・シャンパーニュ（シャンパーニュ通り）を歩くと、向かいの市庁舎が小さく見えてしまうほどの大きな建物と、シンメトリーで手入れの行き届いた庭が目に入る。入口にあるドン・ペリニヨン[23]像は、穏やかな表情を浮かべ、まるでこの街を見守っているかのような神々しさを放っている。このメゾンは六〇〇ヘクタールもの畑を所有し、収穫された葡萄からは二次発酵に必要な酵母菌までも自社生産している。それを使用することで味わいの核になる部分がぶれることなく、他にはない独自の香りとテクスチャーで、舌の上に強いブランド力をアピールしてくる。十九世紀にナポレオンが愛飲していた時代の味わいも、きっと現代と変わらぬ斬新なものだったのだろう。当時のモエ・エ・シャンドンといえば、軍属のシャンパーニュ・メゾンとしてナポレオン軍の遠征先のロシアにまでデリバリーをしていた。現在でいうセレブたちの「今飲みたい」というわがままに答

えた唯一のメゾンであり、それを今でも引き継いでいるからこそ、世界中どこに行ってもモエ・エ・シャンドンが飲める。シャンパーニュ愛好家にとって、発泡性のワインは絶対にシャンパーニュでなくてはならない。だとしたら、そのわがままを一番聞いてくれるメゾンは、やはりモエ・エ・シャンドンだ。その味わいを現代の技術でさらに良いものへと変化させているゴエス氏は、グラン・ヴィンテージのリリースをきっかけに、以前のクローズなメゾンのイメージを払拭し、現代の情報化社会に合わせてニュースを発信するようになった。それ以降、モエ・エ・シャンドンの味わいは、よりリアルにわかりやすく味覚と視覚に訴えかけるようになり、新たなブランドへと変貌した。

みんなが知っているからこそ、みんなで飲む。たっぷりとした大きなグラスにシャンパーニュクーラー、クールなラベルのグラン・ヴィンテージを冷やしたら準備完了！「え？モエ？」なんて言わせません。歴史を歩んだ味わいをちょっと得意げに語ったら、わがままなゲストもきっと納得するはず。

8

小満

しょうまん

——五月二十一日頃から

「万物盈満すれば草木枝葉しげる」

透き通るような晴天が続く。秋に蒔《ま》いた麦などの穂がついて、ほっと一安心という意味を持つ小満。たおやかな空気が流れ、せわしなく過ぎ去っていく季節の中でも、一番穏やかで過ごしやすい二週間がやってきた。肩の力を抜いて、心に余裕ができたら、いつも目にする風景が特別に見えてくる。見慣れた街並と初夏の早朝の静寂とのマリアージュは、私にとっての一番のパワーチャージ。

現代の街並に迷い込んだ、朝の贅沢な曲線美

清々しく晴れわたる、早朝の丸の内を歩いている時だった。石畳の上を滑るように走る一九六十年代の象牙色のジャガーの艶やかなフェンダーの曲線に、思わず目を奪われる。よ

syouman

く手入れのされたボディには朝焼けが映り込み、まるでシャンパーニュのボトルが寝転んでいるような、ゆるやかな曲線を描いていた。車を運転しているのは、なんと女性だった。なめらかなシフトチェンジは、マタドールが闘牛を窘《たしな》めているかのような緊張感さえ感じるのに、彼女はそれを飄々と乗りこなし、信号が青に変わると、まるで獣が呼吸しているかのようなエンジン音を唸らせながら、緩やかなカーブを描きつつ、あっという間に皇居の方向へと消えて行ってしまった。そして街はまた静寂に還る。規律正しい都会の街並みにさしこむ朝焼け、人気のないしじまの空気。そこにインストールされた一台のクラシックカー。美しい偶然が重なったアンマッチな風景。車の姿が遠くに消え、エンジンの音が聞こえなくなる。それから私は深呼吸をした。まるで、ミュージアムでインスタレーションを見ているかのような、心を揺さぶられる朝だった。

それはもうずいぶん昔のことなのに、ドゥモアゼル社のロゼを手に取ると、同じ夢を何度も見ているかのように、あの朝のことを鮮明に思い出してしまう。細い瓶口からなめらかに伸びる曲線は、フロントマスクからリヤにかけてのアーチによく似ているし、アシンメトリーに描かれたアイリスの花はカマイユの優雅な色合い。透明のガラスに施されたアールヌーヴォー様式の丸みを帯びたレリーフは、やはり一九六〇年代にヨーロッパでたくさん走っていたアルファロメオやシトロエンの上品で可愛らしい雰囲気に近い。朝焼けもまた、いつもより青みを帯びた初夏らしい透き通ったロゼ色をしていたし、早摘みの木苺のようなさわやかなニュアンスと、シャルドネからの華やかな余韻は、運転していたあの朝の女性のイメージ通りだ。

小満の晴天。朝焼けがきれいに映り込むように念入りにボディを磨いたら、キーを回してクラッチを踏み込む。丸の内仲通りは、石畳のパリによく似ている。エンジン音がビル群に反響して、いつもより大きな音で響き渡るその静寂の中、獰猛な生き物のような車を華麗に乗りこなす。あの朝のドゥモアゼル・ロゼな女性に、私も一歩近づけただろうか。

9

芒種

ぼうしゅ

——六月六日頃から

「芒ある穀るい稼種する時なればなり」

芒種、あまり聞き慣れない言葉だが、イネ科の穀類の種を蒔く時期という意味からそう呼ばれるようになった。今はもう少し早くその種まきが始まるようだが、やはり温暖化のせいなのだろうか……と、ナーバスになるよりも、小さな生き物に目を向けて欲しい。実に季節に忠実に、健気に生きている姿を見ると、「異常気象」と大雑把にくくったメディアの情報だけで大騒ぎするほどではないことに気づく。

虫の声・雨のサイン

蟷螂《かまきり》という昆虫は、この季節にたくさん孵化《ふか》する。虫嫌いな人にとっては、ぞっとする話だが、実は我が家は全員、信じられないぐらいの昆虫好きだった。春から夏にかけてさまざ

bousyu

まな昆虫を探しに、山へ海へとよく家族旅行に出かけたし、母は今でもきれいな蝶を見ると追いかけて捕まえようとするくらいだ。自分のいる場所の色に合わせて体の色を変える蟷螂は、田舎に限らず都会にもよくいる。不意に見つけて驚いたりして、虫が得意な私でもちょっと苦手だが、彼らもきちんと季節を伝えてくれているのだと思うと、少しは愛らしく？ 見える(かも)。

梅雨が始まって少し経ち蒸し蒸してくる頃になると、田舎の水辺では蛍が舞うようになる。「蛍が見たい！」と言っては、よく夜のドライブに連れて行ってもらった。いつもより親がかまってくれたこの季節がわりと好きだったなあと、大人になってから気づいた。虫を介して親子の絆《きずな》を深めていたなんて、今考えるとおかしな話だが、我が家にとってとても大切なことだった気がする。よくよく考えると、春の穀雨、秋の処暑には台風や秋雨など、日本は雨が降る時期が多い。最も長いのがこの季節だが、鬱陶しいと思って過ごすより、待ちに待った雨の日におろしたての長靴を履いてはしゃいだ幼い頃のように、雨が降った週末はシャンパーニュ！ と頭の中をスイッチしてみてはいかがだろうか。

日本が梅雨に入るこの時期、シャンパーニュ地方では葡萄の小さな白い花が咲き、畑には甘い香りが漂うそうだ。その可憐《かれん》な花が見たくて幾度か出かけたこともあるけれど、残念ながら一度も出会えていない。それもそのはず、花をつけるのはたったの二週間。一ヶ月も前から予定を立てて旅に出るのだから、それに合わせるのなんて至難の業だ。北を向いた畑にならまだ花があるかもしれないと、アンボネイ[24]から車を北上させて、マイィのグラン・クリュの辺りへ車を走らせたがダメ。けれども、日当りの良い南面の空気と違って、少しだけしっとりと、ひんやりとしている北面の畑は、なんとも落ち着いた趣があった。その感覚を忘れないうちに、マイィ社のシャンパーニュを頂く。グラン・クリュしか造らないこのメゾンは、しなやかなピノ・ノワールが特徴的。南面の骨格の強いものとは違い、女性的な物腰を感じる。エキストラ・ブリュット[25]になると、強いミネラル感に土っぽさを感じ、その後にギュッとした果実味が上がってくる。なんとも味わい深い夏向きのピノ・ノワール系シャンパーニュだ。雨の匂いとマリアージュさせたら鬱陶しさなんて忘れて、心地よさすら感じる。季節を教えてくれる虫たちにそっと挨拶をして、雨がしとしとと降り出したら、シャンパーニュを飲むサインだ。

10

夏至

げし

六月二十一日頃から

「陽ねつ至極し、又日の長きのいたりなるをもってなり」

三十七度目、二十世紀最後のヴィンテージ。プレステージュしか造らないメゾンの情熱。「ル・メニル・シュル・オジェ」というグラン・クリュ。このグラン・クリュを有名にしたのは、その土地にメゾンを構えるサロン社だといっても過言ではないだろう。シャルドネしか栽培しない、プレステージュのシャンパーニュしか造らない。これほどにストイック且つシンプルなメゾンは、他にあるだろうか。メニルのテロワール[26]で育つシャルドネの酸とミネラルの強さ。それらを長期熟成するからこそ醸し出される味わいは、シャンパーニュの極みであり、類い稀《まれ》なる、最高のシャンパーニュである。

geshi

Fête de la musique　（音楽の祭日）

日本は梅雨まっただ中。厚い雲に覆われた灰色の空には何も期待なんてしないし、不自然に寒かったり蒸したりで、体調も不安定な上に傘も手放せない日が続く。こんな時には、割り切ってフランス語の勉強をすることにしていた。そんなある日、フランス語学校の先生が、「ヨーロッパの夏至の日は、Fête de la musique（音楽の祭日）という音楽のお祭りの日なんですよ」と教えてくれた。国民の休日になっているこの日は、みんな朝から飲んで踊って、一日中街がディスコになるというのだ。そんなの絶対楽しいに決まってる！　そこで日本の梅雨空にしばしお別れをし、私はフランスへ飛んだ。

パリで迎えた朝、ホテルの窓を開けると、さっそく街角からサックスの音色が聞こえて来て、たまらず、すぐに街へ繰り出した。この日だけはどこで音を出してもOKで、メトロではアコーディオン奏者が軽快に演奏し、シャンゼリゼ通りではジャズやシャンソンのミニコンサート、夜のマレ地区ではテクノやトランス！　まさに街中ディスコ。ようやく暗くなり始めた夜十時頃からは、派手なライティングがパリの古い街並を照らし、あの由緒あるヴァンドーム広場や、世界遺産のノートルダム大聖堂の前で、人々は楽しそうに踊っている。私はそれを横目に、サンジェルマンデプレにオフィスを構える友人宅のパーティに向かい、いつまでも暮れそうで暮れない空を眺めながら、ヨーロッパの華麗な文化についてシャンパーニュを片手に夜更けまで友人たちと語りあっていた。

日本に戻ると、また曇天の梅雨空が続く。文化の深さや美酒美食、日本とフランスは同等に素晴らしいものがあると思っているし、双方の成熟した文化を体感して、それぞれに伝えることを使命とする私にとって、この夏至の風習だけは、フランスの方が圧倒的に楽しくて素敵で、負けた！ と思ってしまった。もちろんこの季節、雨期に入ってしまう日本を変えようもないけれど、「曇天の梅雨空な日本」と「晴天の音楽祭なフランス」は残酷なほどにギャップがあって、初めてフランスに嫉妬してしまった。だからこんなお天気の日には、しとしとと降る雨が見える日中には立ち上る泡を目で愛でる。そして雨音しか聞こえなくなる宵には、ようやく開いたその香りを、口の中でじっくりところがす。サロン一九九九年、時間を贅沢に使いながら頂く悦楽。フランスの皆さん、嫉妬しないでくださいね。

11 小暑

しょうしょ

七月七日頃から

「大暑来れるまへなればなり」

パリ祭の日

「七月十四日はパリ祭の日よ」と教えてくれたのは、銀座七丁目の雑居ビルでシャンソンを歌う初老のマダムだった。ピアノの演奏が始まると、柔らかくなめらかな声で歌い出し、曲の合間には「パリ祭の日なんだから、シャンパーニュを飲みましょうよ！」と、テーブルの上のボトルをちょっと荒々しくグラスに注いで、ごくりと飲み干してお客さんの手を取り踊りながら小気味よく歌い続けた。そのボトルには、エッフェル塔や凱旋門《がいせんもん》、コンコルド広場の噴水やカフェのファサードなど、見ているだけでパリを旅した気分にさせてくれる絵が描かれていて、彼女のステージに花を添えていた。素敵に時を重ねたからこそ出るであろう彼女のそのオーラは、なんとも華やかで、観客を虜にした。その時から私は年をとるのも悪く

syousyo

ないなと思うようになって、あんな女性になりたいと、よくそのマダムに会いに銀座へ行っていた。そして七月十四日にはその楽しげな絵の描いてあるシャンパーニュを「パリ祭ボトル」と勝手に呼んでオーダーをし、マダムと一緒に飲むのを楽しみにしていた。小さな泡が螺旋状に立ち昇り、はじける度に広がるスイカズラの香りが、マダムのシャンソンの歌声に溶けるようにマリアージュしていたのを覚えている。

パリ祭の日。きっと楽しいお祭りの日なのだろうと、フランス人の友人にどんなお祭りなのかと訪ねると、訝《いぶか》しげな顔をされてしまった。歴史上ではバスチーユ牢獄《ろうごく》を民衆が襲撃したことがきっかけでフランス革命が始まった日とされている。そのことが、何か気に触ったのだろうかと悩んだが、後にその単語は日本だけで広まっている言葉だと知り驚いた。実は「パリ祭」は「巴里祭」と書くフランス映画の邦題だったのだ。一九三三年に劇場公開されたルネ・クレール監督の名作ラブロマンス「Quatorze Juille（七月十四日・フランス革命記念日）」という作品。日本人には聞き慣れないその作品名を、今も映画界で名を馳せる川喜多長政氏が「巴里祭」と翻案したことがきっかけで、日本では「パリ祭の日」と呼ぶようになったようだ。和製フランス語とでもいうのだろうか？　いや、もしかしたら銀座のマダムと私の二人で作り上げた造語だったのかもしれない。どうりでフランス人に伝わらないわけだ。けれど、呼び方は違えども楽しいお祭りなのは確かで、朝から花火が打ち上げられ、シャンゼリゼ通りでは軍事パレードが開催され、戦車が行進したり、空軍はこの日のために素晴らしい航空ショーを披露する。きっと街はあのボトルに描かれているような華やかな雰囲気のエスプリあふれる一日で、あのパリ祭ボトル、デュバル・ルロワ社のパリコレクションのボトルもたくさん開けられているに違いない。

本格的な暑さの到来を教えてくれる蝉《せみ》の声は、ちょうどこの「パリ祭ボトル」の季節をも教えてくれているようだ。華奢《きゃしゃ》な体にアンティークのロングドレスと赤い口紅がよく似合っていた、あの銀座のマダムは元気だろうか。もうしばらくお会いしていない。数年ぶりに、暑中見舞いでも書いてみようと筆をとった。

12

大暑

たいしょ

七月二十三日頃から

「暑気いたりつまりたる時節なればなり」

一年で一番暑い日と晴天が続く時期。からりとはいかずに、蒸し蒸しの湿気が鬱陶しいところだが、この「ムシムシ」の正体は、梅雨どきに降った雨。土に含まれた雨が太陽に照りつけられて水分が蒸発する、という自然界の循環である。梅雨の雨と大暑の蒸し暑さ、どちらが嫌か？　と考えると我慢比べのようだが、やはり太陽が出ている大暑の方が、気分が良い気がする。

カーブ[27]の中の水たまり

シャンパーニュ地方の、特に白い石灰質土壌を持つコート・デ・ブランの辺りは、地表（畑）が石灰で真っ白なのだが、メゾンの地下カーブに降りると、なんと地下までもが真っ白で、

taisyo

深くその地層が続いている。触ると、しっとりとした石灰層むき出しの壁がなんとも美しい。何もしなくても、年間を通して安定した温度（九〜十一℃）と湿度が保たれているカーブ内は、暗くひんやりとしていて、しばしばそこに大きな水たまりを見つけることがある。水を撒《ま》いて掃除でもしているのかと思っていたら、天井の石からぽたぽたと水が落ちて溜っていた。老朽化で水漏れ？　と思ったら大間違い。実は、地上で降った雨が、二、三日後にカーブの中に降るそうだ。石灰質は粒子が細かいため、抜群の吸水性と保水力で、降った雨はすぐに地表で吸収され、数日かけてカーブの深さまで落ち、それが水たまりになるというわけ。雨が少なく寒暖の差があることが葡萄にとって好環境なのだが、こうしてたまに降った雨を保水できるテロワールだからこそ、根は深層部をめざして伸び、水とミネラルをたっぷり吸って美味しい実を付けるのだ。日本も石灰質土壌で葡萄をたくさん植えていたら、夏の蒸し暑さも和らぐし、美味しいスパークリングワインも造れる……と思ってしまうが、もちろん無理な話。そんな妄想をしつつ、グラスにピエールモンキュイ社のデロス・ブラン・ド・ブランを注いだ。

そういえば、メニルのグラン・クリュにメゾンを構えるここの醸造家は、ニコルさんという女性だ。女性だからといって優しくてふんわりした味わいを表現しているのではなく、メニルのグラン・クリュの特徴を生かし、モノ・アネ（単一年）モノ・クリュ（単一畑）モノ・セパージュ（単一品種）で造られている。葡萄に相当な自信がないとできない造り方だ。彼女の経験と自信に満ちあふれたそのシャンパーニュは、女性の強さと美しさを表現しているかのように、シャープでありながらシンプルでいて、とても味わい深い。まるで真夏の日本の日差しのように真っすぐで強く、ひるみがない。

髪をキュッといつもより高めに結んだら、浴衣に団扇、祭りに御輿《みこし》、ここは日本。この尋常でない暑さも今や風物詩。この大暑に飲むのにふさわしいピエールモンキュイ・デロス・ブラン・ド・ブランを、いつの日かニコルさんを日本に招いて、夏のいなせな東京の暑さとのマリアージュを一緒に楽しみたい。

13

立秋

りっしゅう

――八月八日頃から

テレビからの声援は、日本一を目指して闘う高校球児を応援する声だった。まだまだ暑いのに、暦の上ではここから秋。そうはいっても、実際にはこの立秋が暑さの頂点。暑中見舞いを出し忘れたとしても、この日を過ぎたら残暑見舞いになる。うんざりする暑さだが、もう少しの辛抱。そういえば夕暮れ時になると蜩《ひぐらし》が鳴くようになったし、やっぱり季節は秋に向かっているのだ。

レコルタン・マニュピュラン[28]の醍醐味《だいごみ》とは、そのテロワールを頂くということ

シャンパーニュ地方には、十七のグラン・クリュがあり、村ごとにさまざまな表情の葡萄が育っている。ピノ・ノワールのグラン・クリュは十一の村、シャルドネは六つの村で、ムニエ[29]のグラン・クリュは存在しない。シャルドネは総畑面積一位がシュイィ、二位がメニル。そのグラン・クリュの葡萄だけでシャンパーニュを造ると、圧倒的な存在感とフィネス[30]を

発揮する。ピノ・ノワールはアイやアンボネイといった村が人気で有名だが、実は、モンターニュ・ド・ランス[31]の北面に位置するヴェルズネイ[32]が一番の畑の広さを持っていて、そこからお隣のヴェルジィ[33]と続くが、知名度があまり高くないし、ピュイジュー[34]という村を知っている人はもっと少ないだろう。十数ヘクタールの畑面積しかないが、れっきとしたグラン・クリュだ。シャルドネと違って、ルーヴォワ[35]やボーモン・シュル・ヴェルズ[36]といった小さなグラン・クリュがあって、その村にメゾンがあるかどうかすらわからない。実際、私もボーモン・シュル・ヴェルズの造り手のシャンパーニュは飲んだことがない。では、その知名度も低くて畑の面積も少ないグラン・クリュや、一位の畑面積を誇るわりには「ヴェルズネイ・グラン・クリュ」と表記されて商品になることが少ない葡萄たちはどこへ行ってしまっているのかというと、大体が大手ネゴシアン[37]・メゾンのプレステージュ・シャンパーニュの一部になっているのだ。しなやかなヴェルズネイのピノ・ノワールは、プレステージュ・シャンパーニュにすると、シャルドネ同様、長期熟成に耐え、エレガントな雰囲気へと変貌する。実際、「ドン・ペリニヨン」や「ベル・エポック」、G・H・マム社のプレステージュ「ルネ・ラルゥ」などにはよくこの北面のピノ・ノワールが使用されている。そのヴェルズネイやヴェルジィに畑を所有する農家は、自分たちで苦労してシャンパーニュを造らなくても、大手のメゾンが高価な値段で葡萄を買い付けてくれるから、その商売だけで充分仕事として成り立つ。村の共同所有である圧搾機を予約したり、ボトリングする順番を待って、美味しいタイミングを逃してしまうような妥協をするのなら、念入りに畑の世話をして、うまくクルチエ[38]たちとコミュニケーションを取って葡萄を売れば良いだけの話しだ。しかし、やっぱりその村の葡萄だけの「ヴェルズネイ・グラン・クリュ」が飲みたくなるのが人情というもの。けれども、フランス人がレコルタン・マニピュランのグラン・クリュうんぬんと言ってシャンパーニュを飲んでいる姿はあまり見たことがない。むしろ日本人の方が、知識が豊富で、こだわって飲んでいる。ひとつのものへ固執する日本人の気質（オタク気質？）なのだろうか。もちろん悪いことではないが、どうせ飲むのなら、もう少し掘り下げて、脳裏にその畑の情景を思い浮かべながら頂いてみてはいかがだろう。行ったことなんてないよ、なんて言わず、今はグーグルマップなどの便利なサービスがたくさんあるから、知らない土地でも画像で上からグルグルと見ることもできるし、訪れたことのある人の旅行記ブログを検索して、いつでも読むことだってできる。

葡萄は痩せた土地で育つが故に、その土地の味がするもの。その土地のイメージを膨らませて飲むと、どうしてこのシャンパーニュがこの味わいなのか、その個性的な深味はどこから来ているのか、少しずつわかってくる。人気のあるグラン・クリュを頂いた次は、小さいグラン・クリュに目を向ける。好きなネゴシアン・メゾンの葡萄を少しだけ調べてみる。すると、好きな葡萄と好きなグラン・クリュがわかってくる。そうやって私が辿《たど》り着いたのが、ヴェルズネイのグラン・クリュ、クリスチャンブザン社のブリュットだった。

rissyuu

14

処暑

しょしょ

—— 八月二十三日頃から

「陽気とゞまりて、初てしりぞき処《やすまん》とすればなり」

カーテンを開けると、夕べの嵐が嘘《うそ》のように窓の外は晴れていた。もくもくとした灰色の低い雲が、ものすごい早さで西から東へと形を変えて流れていく姿をしばらく目で追っていた。残暑の「熱」を冷ますかのような雨と風をもたらした台風は、すさまじい勢いで日本上空を通過して行き、空の高いところにはうっすらと鰯《いわし》雲が見える。空はいよいよ夏から初秋へとバトンタッチを始めたようだ。

La vie est belle！（素敵な人生ね！）

台風なんて来なければ、仕事が終わってからデートだったのに、帰りの足を気にした彼が、日を改めようとメールをしてきた。「どうする？」ぐらい聞いてくれたっていいじゃない、

syosyo

と思いつつも、さらりと「ＯＫ！」と返信。雨で汚れないかと、気を使いながら着てきた、お気に入りのクリスチャン・ラクロワのワンピースが、無駄になってしまったのも、なんだか腑に落ちないなぁと、台風を睨《にら》みながら、不意に空いた時間をどう過ごそうかと考えながら、足早に家路に就いた。自宅のセラーからストックしていたボワゼル社のブリュットを取り出し、ごくり。台風の時はいつもコルクが勢いよく上がってくるし、泡も元気だ。それから、酔いやすい気もするから用心しないと。グラスを片手に冷蔵庫を開けると、元気そうな夏野菜がたくさん。食べきれない八ヶ月熟成のコンテもあるし、よし、今夜は久しぶりに大好物のキッシュロレーヌと旬の野菜たっぷりのスープカレーを作ろう。さっそくシャスールの鍋を食器棚から引っ張り出して、骨付きの鶏肉をこんがり飴《あめ》色になるまでソテーしたら、水を注いで月桂樹《げっけいじゅ》の葉と一緒にコトコト煮込む。その間に、いつもより念入りにみじん切りにした玉葱《たまねぎ》と人参に、お気に入りのスパイスを入れる。カイエンペッパーは少なめで、クミンシードをたっぷり。辛さを抑えて、香り高いルーの完成。キッシュは残り物のハムとコンテ、それに卵と牛乳を混ぜたら、パイシートを敷いたタルト皿に流し込んでオーブンに入れて約二十分。麦わら色をしたボワゼルを飲みながら、料理の完成を待つ。その合間に、買っただけでまだ読めていなかった、筒井ともみさんの「食べる女」を、オーブンと鍋を気にしながら読んだ。思わず、私と同年代で同じような目線の女性たちのショートストーリーに、くすっと笑いながら、もう一話読みたい気持ちを我慢しつつ、カレーをお皿に盛り、キッシュをオーブンから出した。トマトにオクラ、ナスがとろとろになったスープカレーがもう最高！キッシュも、グリュイエールの代わりにコンテにしただけあって、抜群に美味しい。ボワゼルのシンプルな味わいとのマリアージュが、心底気持ちいい。雨が窓ガラスにあたる音を聞きながら、今夜はデートじゃなくてこっちのほうが楽しかったんじゃないかと、彼には申し訳ないけれど思ってしまった。美味しい手料理を振る舞いますから、今度の台風の夜は是非、私の家に食事にいらしくて！　と、お誘いしたいところだけれど、次回は村上春樹さんの「象の消滅」を読みながら、ローストビーフを焼くと勝手に決めてしまった。昼間だったら、江國香織さんの「号泣する準備はできていた」それにオニオングラタンスープにしよう！　台風の日の手の込んだ料理と短編小説は、しばらく、彼には内緒の私だけのご馳走《ちそう》になりそうだ。

15

白露

はくろ

九月八日頃から

「陰気やうやくかさなりて、露こごりて白色となればなり」

残暑も落ち着いて、いよいよ秋の気配を感じるようになった。近年の日本は、暑さが長引いて困ったものだが、日中は暑いにしても、太陽が離れていくこの時期は、空が高く感じるようになり、朝晩はスッとした空気を感じることができる。

ヴァンダンジュ・ランチ

この時期、私は葡萄の収穫に向けて、フランスに滞在していることが多い。二〇一〇年もまた、コート・デ・バール[39]のウルヴィル[40]を目指して、車を走らせていた。ピノ・ノワールの父と崇められる、ドラピエ社のメゾンを訪問するために。エペルネから車で約二時間の場所にあるこの村に着いた時には、もう日が暮れる寸前で、空はだんだんと月の光が濃くなり、

syuubun

ルが修復したんだよと、得意げに説明をしたばかりだった。興味津々で見入る父が、元気になったら一緒に行こうなと言っていたのに、もうそれが叶《かな》わないことだなんて、すぐに受け入れることができなくて、私は涙に暮れた。

全ての弔事が一段落して、母と兄とで夕食の支度をしている時だった。父の大好物だった秋刀魚を焼く母の横で私は「一九七六年のシャンパーニュを飲まない？」と、二人に話しかけた。誰も何も答えなかったけれど、以前のような楽しい食卓に早く戻って欲しいという気持ち一心に、私はその細くなったコルクをすっと引き上げ、グラスに注いだ。絹糸のような、か細い泡がゆらゆらと立ち上り、鼈甲《べっこう》色に輝いている。熟した果実のような芳醇な香りが一瞬にして部屋中に立ちこめ、それだけで違う世界へ引き込まれるようだった。その瞬間、もう何日泣いてばかりいたのかわからない家族の口角が、久しぶりにキュッと上がり、その鼈甲色のシャンパーニュは、涙で乾いたみんなの心にあっという間に溶け込んでいった。いつのまにか、父が居た時のように食卓が和んでいた。それから私は、フランス旅行の一番の目的でもあったテタンジェ社のカーブを見学した時に、当主のピエール・エマニュエル氏からお土産で頂いたコント・ド・シャンパーニュを開け、会話を繋げた。力強いブラン・ド・ブランの余韻は、とてもエレガントで心地のよいものだった。それが飲み終わる頃にはみんなに笑顔が戻り、本当に久しぶりにぐっすり眠ることができた。

一九七六年、私のバースデー・ヴィンテージのシャンパーニュ。生まれて初めて口にするそれを、誰といつどこで飲もうかと、そのロマンティックなタイミングを探していたのに、まさか人生で一番悲しい時に開けることになるなんて、夢にも思っていなかった。けれど、長い歳月をかけて酸と泡とが溶け込んだそのシャンパーニュは、私を慰めてくれる穏やかな味わいと共に心をほぐしてくれ、何より父の死を受け入れることもできた。うれしい時や楽しい時にシャンパーニュを飲むのは、もちろんだけれど、悲しいときもまた、シャンパーニュを飲まなければならないと思った瞬間だった。

今年もまたひとつ年をとる。あの日に開けた一九七六年のシャンパーニュはもうないけれど、強くて優しい父のような存在のコント・ド・シャンパーニュは、今でも当時と変わらないあの味わいで、私の傍に居てくれる。大切な時にだけ頂く、偉大なるシャンパーニュだ。

寒露

かんろ

――――十月八日頃から

「陰寒の気にあふて、露むすびこらんとすればなり」

ロゼが似合う男の話

ある晩、私のお店の扉を開けたのは、ビルカール・サルモン社の当主アントワーヌだった。以前パーティでお会いしたことはあったが、ラベルに描かれているあの可愛らしいマークのイメージ通り(?)の、気取らない物腰の柔らかい男前だ。何を飲もうかと、ノンヴィンテージ[41]のブリュットからニコラ・フランソワ一九九八年、キュヴェ・エリザベス一九九六年など、ビルカール愛好家でもある私がそろえたアイテムをズラリと並べたが、彼は迷わずノンヴィンテージロゼを選んだ。ビルカール・サルモンのロゼといえば、ロゼといえども非常にシャープでくもりのない味わいと、シルクのような舌触りの泡が特徴的だ。男性がボトルでロゼをオーダーすることは珍しいことだし、「フランス紳士が夜に旅先でロゼシャンパーニュ

kanro

を飲む」なんて、すごく色っぽいシチュエーション！ と、妙に期待してしまったのだが、（店内は私一人ではなかったが） そのロゼを片手に交わされる会話は、エペルネでは寿司バーが流行っているだとか、あのロゴマークは自動車メーカーのアウディのマークのデザイナーと同じだとか、車が好きで、モンテカルロ・クラシックに出場するのに、たくさんシャンパーニュを車に積んでモナコまで走ったら重たくてひどい目にあったとか。とても自然に、会話とシャンパーニュが溶けあっていた。そうか、ロゼは頑張った時のご褒美や、お祝いの時に選ぶのではないのか。ロゼシャンパーニュを特別扱いせず、まるで空気のように扱うアントワーヌに、さらにフランス紳士の気品を感じた。そして私のお店にそんな雰囲気のある日本人紳士がいらしたら、迷わずビルカールのロゼをお薦めしようと、心に決めた夜だった。

その夜の出来事がきっかけで、翌年、二〇〇九年の秋に彼のメゾンを訪れることになった。丁度、この寒露という季節だったのを覚えている。日本もそろそろ紅葉の時期だが、フランスではさらに秋が深まっていて、メゾンの壁を伝う葡萄の葉が燃えるように紅く染まっていた。一八一八年創業の古いメゾンでありながら、透明感のあるロゼを作り出す技術や設備は、最新かつシンプル、あのシルクのような泡は、低温長期熟成から生まれる。

ロゼを美味しく感じるポイントは、色からしてピノ・ノワールの旨味を連想するが、実はシャルドネのエレガントさだと、私は思っている。ふわっと、優しいピノ・ノワールのアタックから始まり、シャルドネの酸で締めくくるのが理想。ビルカール・サルモンのロゼは、五十パーセントがシャルドネで、残りがピノ・ノワールとムニエ。生き生きとした酸を表現するのが上手いうえに、マレイユ・シュル・アイ[42]の控えめなピノ・ノワールが奥ゆかしさを演出している。あの晩と同じロゼをメゾンで頂くと、私が思っていたよりも、ずっと落ち着いた趣のある色をしていて、秋の夕暮れ空によく似合っていた。

どんな蘊蓄を語っても「わかることより、似合うこと」それがロゼシャンパーニュをさらりと頂く基本なのかもしれない。

18

霜降

そうこう

—— 十月二十三日頃から

「つゆが陰気にむすぼれて霜となりてふるゆへなり」

残暑が厳しい八月から始まり、霜が降りるほど寒くなる霜降という季節で、秋はおしまい。ひとつの季節の中で見ると、最も寒暖の差があり、一番日本を感じる季節でもある。主食として欠かせないお米の収穫も終わり、さっそく新米が食卓へと並ぶ。炊きたての白米から立ち昇る湯気ほど、幸せな食卓を演出する食材は無いと思っている。けれど、シャンパーニュを開けた時に、うっすら、ほやーっと瓶口から上がってくるガスもまた、同じぐらい幸せなオーラを振りまいてくれているように思うのは、私だけではないはず。

旅支度

心の底からリラックスしようと思っている時、あるいは疲れてしまった時、どちらの理由

soukou

であっても、少しの時間ができると、私は都心から新幹線で一時間という手軽さから、よく軽井沢へ出かける。東京駅から飛び乗る長野新幹線、上野駅を通過して一息ついたら、鞄《かばん》にしのばせて来たピッコロサイズのシャンパーニュを開ける。缶ビールを開ける時とは違って、隣の席の乗客の視線も優しい（ような気がする）。都会から山あいへと向かっていく車窓の景色をおつまみに、軽井沢のひとつ手前、安中榛名駅辺りでちょうど飲み終える。小さなボトルでも味わい深いシャンパーニュはそれだけで充分満足するし、何より、他の乗客への失礼にもならない。もう少し飲みたいからハーフサイズは？　とも思うが、ピッコロサイズが鉄則。ハーフだとグラスが必要になるので、手荷物が増えてしまう。旅はできるだけミニマムな鞄で、軽快に出かけたい。特に軽井沢は東京の定番リゾート地。道もきれいに舗装されているし、何も不便はしない。

ホームに降り立つと、さっそくひんやりとした空気が出迎えてくれる。季節を肌で感じることも心のリフレッシュに欠かせないし、軽井沢で頂く食材は、活火山でもある浅間山の恩恵を受け、ミネラルも豊富。高原野菜は歯応えがあり味も濃い。日本では珍しい硬質の水も湧いていて、まるでヨーロッパのようだ。お気に入りのフレンチレストランに着いたら、嬬恋キャベツや信州サーモンなど、地物をたっぷり使ったコースをチョイスして、ミネラルの強い食材には、私が「山のシャルドネ」と呼んでいるベレッシュ社のシャルドネを選ぶ。モンターニュ・ド・ランスの裏側にある、リュードというプルミエ・クリュ[43]。そこにメゾンを構えるベレッシュ家の若社長、ラファエルさんが作り出すシャルドネは、まさに軽井沢のイメージにぴたりと合う。樹齢五十年以上の古木から収穫されたシャルドネを木樽で熟成。ミネラルを強調するべくドザージュは低めに仕上げられ、穏やかな味わいに光沢のあるオーガンジーのような、なめらかな泡が心地よく、コート・デ・ブランのシャルドネに比べて、しっとり感があり、まさに「山のシャルドネ」だ。

そういえば、東京から軽井沢に行く感覚は、パリから四十五分、ＴＧＶに乗ってランスに行く時の感覚によく似ている。パリから一番近いワイナリーのシャンパーニュ地方を訪ねる気分で、鞄にシャンパーニュをしのばせたら、空気の美味しい軽井沢へ出かけてみてはいかがだろう。

19

立冬《りっとう》

十一月七日頃から

「冬の気たちそめていよいよひゆればなり」

立春、立夏、立秋、どの季節もこの「立」という言葉がついて、その季節が始まる。冬が立つと書いて、立冬。昨日までは寒い日と暖かい日とを繰り返していたけれど、もう暖かくはならないよ、といわんばかりに冷気が張りつめている。寒さに敏感な我が家の猫は、冬に備えて体毛を、むっくむくに生えそろえ、ただでさえ太っているのにいつもの一・五倍ぐらいに膨らんで見える。さっそくの冬支度、たいしたものだ。暖房はどうしよう、つけるかつけないか……と悩む朝、私が肌寒く感じる横で猫はグッと丸く、うずまきになって眠っている。その姿を見て、本格的な冬の到来を感じつつ部屋を暖める。すると同時にうずまきがほどけて、猫がごろんとお腹を見せ、にゃあと鳴いた。暖房をつけるタイミング、我が家は彼女のご機嫌にゆだねられているようだ。

rittou

温かそうなシャンパーニュ

どの季節もそうだが、新しい季節の始まりはわくわくするけれど、特に冬の寒い時期に旬を迎える各地の美味しい食べ物には、ものすごく期待してしまう。日本海側の金沢や鳥取で旬を迎える冬の味覚といえば、ずわい蟹《がに》。今やブランド化されて同じ蟹でも獲れた港で名称が変わるほどだが、どの蟹を食べても、とても甘みがあり味噌《みそ》も詰まっていて、焼いても、揚げても悶絶《もんぜつ》に美味しい。蟹や甲殻類の豊かな味わいには、芳醇《ほうじゅん》な香りと細かい泡、奥行きのある余韻が長く続くシャンパーニュがいい。

下関の河豚も最高！　もみじおろしに葱を巻いた、てっさ。コリコリと噛《か》むほどに出てくる河豚の甘みとポン酢の酸味が、角のとれた柔らかいシャルドネとよく似合う。本州の最南端、温暖な気候の和歌山や四国の愛媛からは、みかん、ゆず、かぼす、などの香り豊かな柑橘類が届く。さわやかなその香りは、女性的でふくよかなシャンパーニュを、キュッとまとめ上げてくれる。友人たちを招いた鍋パーティには、奮発して和牛の美味しいところを選んで、寒さと共に甘みを増した群馬の下仁田ネギや白菜など、冬野菜たちと一緒にすき焼きに。

立冬

割り下のお醤油風味にはピノ・ノワールもいいが、シャルドネの熟成香も捨てがたい。

想像しただけでも唾をごくりと飲み込んでしまうほど、美味しいものがオンパレードの日本の冬。そんなご馳走の席で必ず飲んで欲しいシャンパーニュがある。それはディアマン社のブリュット。ピノ・ノワールとシャルドネが半々の、私が考えるところの黄金比率のシャンパーニュだ。蜂蜜色の液体がダイヤモンドカットのレリーフボトル越しにキラキラと瞬いていて、思わず触りたくようなフォルム。コルクを引き抜くと、本当に蜂蜜のような優しい香りが、ふわっと、漂う。グラスに注ぐと同時に、少しナッツのような香ばしいかおりが上がり、口に含むと細かな泡に突出したところがなくて、桃のコンポートを口一杯に頬張ったような、思わず笑顔がこぼれる幸せな味わい。飲み込んだ後の余韻の香りも長く、ボトルをシャンパーニュクーラーに入れずに少し温度を上げてあげると、さまざまな表情を見せてくれて飲む人を虜にする。まるで女優のオドレイ・トトゥのようなフェミニンなイメージ。きれいだね、と褒められるほどに美味しくなっていくような、誰からも愛される温かなシャンパーニュと、冬の味覚のマリアージュを楽しもう。

20

小雪《しょうせつ》

——十一月二十二日頃から

「ひゆるがゆへに雨もゆきとなりてくだるがゆへなり」

混ぜる文化

少しだけ天気が崩れた夜、傘にあたる雨がシャリシャリと音を立てていた。「関東地方で初雪」というニュースが携帯電話のテロップで流れる。雨が雪に変わったようだ。この時期、地表と地下の気温差が逆転して地下の方が暖かくなる。そういえば、シャンパーニュ地方のカーブは一年を通して温度が安定しているのだけれど、春に訪れた時は寒くてそこから早く出たいと思ったのに、冬にさしかかった十月中旬に行った時には、畑の空気は刺さるように冷たいのにカーブの中はしっとり暖かく、暖房でも炊いているのかと思ったぐらいだった。冷えきったこんな夜には、まず、どのシャンパーニュをセレクトしようか。

syousetsu

「すっきり辛口でシャープな味わいと、少し丸みのあるコクのある味わい、今日のご気分はいかがでしょうか？」私がお客様にシャンパーニュをお勧めする時の第一声。まるで、お医者様が患者のカルテを取るように、お客様の気分を伺い瞬時に雰囲気を読み取る。何を食べて来たのか、それとも食事の前なのか、疲れているのかいないのか、最近うれしいことや辛いことがあったのかなど、その日のコンディションや顔色に合わせてシャンパーニュを提案する。もちろん、季節や天気も関係してくる。いきなり葡萄の品種やメゾンの名前を言うことは殆ど無い。なぜなら、美味しいと思ったそのシャンパーニュが、何の葡萄で、どこのメゾンのシャンパーニュかなんて最後にわかればいいことだし、専門用語で脳を緊張させないことも、シャンパーニュを美味しいと思わせる大事な要因だからだ。難しいしわからない、と思わせてしまうことを一番避けたい。シャルドネだから辛口とも限らないし、ピノ・ノワールだからコクがあるとも限らない。土臭いシャルドネもあれば、しなやかな酸のピノ・ノワールだってある。ドザージュの量が変わればまたさらに味わいが変わる。混ぜる文化のシャンパーニュを隅々まで味わい尽くすには、まず自分の手でコルクを抜き、口に含む。それを何回経験するかで、善し悪しがわかってくる。少なく計算しても、私は今まで一万本以上のシャンパーニュをテイスティングしている。その結果、今のシャンパーニュの勧め方になり、さまざまな季節や気分に合わせたものをお客様に進言できるようになった。その膨大な私の頭の中のデータでも、最も興味深いのはガティノワ・ロゼ。シャンパーニュ愛好家には、ロゼが好きな人は少ないのだけれど、ガティノワ社のロゼを嫌いと言う人はほとんど居ない。普通のブリュットもあるのに、とりわけロゼの方が、人気があるのはこのメゾンだけだ。透明なボトルの中身は透き通った紅色。王冠に書かれている「ＡＹ」はアイ村のことで、わかりやすくて、何より日本人に親しみやすい名前だ。シャンパーニュを飲み初めた頃、この村をいちばん最初に覚えたのだが、それは私だけではないだろう。わかりやすいが、中身は骨格のしっかりした男性的なピノ・ノワールをシンプルにステンレスの樽《たる》で作り上げていて、味わい深く妥協がない。シンプルでわかりやすいことも、選ばれる理由のひとつかもしれない。

21

大雪

たいせつ

――十二月七日頃から

「雪いよいよふりかさねる折からなればなり」

人間界の冬は愉し

本格的な寒さと共に、一年で一番華やかな季節がやって来た。街角でクリスマスイルミネーションが始まる頃、山あいでは落葉が進み、すっかり寂しくなった木々の隙間からは、プツプツと赤く色づき始めた南天の実が見え隠れしている。自然界も少しだけおめかししているようで、なんとも微笑ましい。ときどき民家に降りて来ては、悪さをしつつ冬籠りする準備をしていた熊たちも、もうこの寒さにお手上げ。たっぷりの皮下脂肪と、ムクムクの毛皮を着込んで、ようやく冬眠に入る。山はすっかり冬支度だ。そんな自然界とは裏腹に、人間界では夜毎、宴が繰り返され賑わう。人は人と出会い、今年一年を労いながら美酒美食を交わす。冬のキンと張りつめた冷気は、人の体と心の距離を縮めて通わせる不思議な冷たさだ。

taisetsu

そのせいなのか、恋人同士は寄り添い肌を近づけ、愛を語り合う。そんなシチュエーションには、高価なシャンパーニュより、艶っぽいシャンパーニュを選ぶ。

十八世紀のフランスでは、「シャンパーニュとは、飲んだ後も女性を美しくする唯一のワイン」と、ポンパドゥール夫人が言い、マリー・アントワネットに献上されていたパイパー・エドシック社のシャンパーニュを、彼女は夜な夜な、口にしていたという。赤いラベルが、レッドカーペットをイメージさせることからか、カンヌ映画祭の公式シャンパーニュにもなっている。ファッション界では、二〇〇九年に漆黒のヒールに赤いソールで有名なクリスチャン・ルブタンや、二〇十一年には二度目となるジャン・ポール・ゴルティエとのコラボレーションで二つのアイテムを登場させたりと、常に奇抜で斬新なアプローチで、愛好家の心をつかむ、煌《きら》びやかなシャンパーニュだ。そんな華やかな場所とセレブたちに愛されてきたパイパー・エドシックに、黒いラベルのヴィンテージがあるのをご存知だろうか。プレステージュが似合うこの季節に、あえて控えめなヴィンテージをセレクトしても大丈夫。そのモードな雰囲気を裏切らない奥深い味わいは、どこのメゾンのヴィンテージ・シャンパーニュよりも香りが立つのが特徴。まるでプレステージュと間違わんばかりの強い香りを放ち、コルクを抜いた瞬間から気分を盛り上げてくれる。シャンパーニュの味わいの差は、毎日口にしているようなプロでもない限りなかなか表現するのが難しいし、感じ方には個人差だってある。しかしパイパー・エドシックのヴィンテージ二〇〇〇年は誰にでも愛される魔性があるようだ。胡桃を煎ってキャラメリゼしたような甘く香ばしい香りが立ち上り、アロマの如く気分を盛り上げてくれる。飲み込んだ後には上質なオランジェットのようなほろ苦く甘酸っぱい余韻がロマンティックに残る。ほの暗いシチュエーションにキャンドルの灯りとパイパー・エドシックのヴィンテージ二〇〇〇年さえあれば、デートは完璧。口に含んで酔わずとしても、雰囲気だけで酔える空間のでき上がり。やっぱり人間界の冬は楽しい。

22

冬至

とうじ ―― 十二月二十二日頃から

「日南のかぎりを行て、日のみじかきのいたりなればなり」

漆黒の夜空が輝きを増す冬至。五時には暮れてしまう太陽を見送ったら、出番を待っていたかのように、うっすらと浮かんでいた月が星とともに光を放ち、街を蒼《あお》く照らし出す。私たちにパワーを与えてくれるのは太陽だけではなく月や星も同じ。冬至の夜長を楽しむ柚子《ゆず》湯《ゆ》や小豆粥《あずきがゆ》は、体を温めて無病息災を願う昔からの日本の風習。シャンパーニュ地方では、シャンパーニュの泡を星に見立てて、「星を飲む」というロマンティックな言葉がある。一年で最も夜が長い冬至は、どの季節よりもたくさん星が頂ける夜でもある。

Rosé de saignée

他のメゾンのカーブとは全く違っていた。石灰層をくり抜いたままの壁はどこにもなく、

touji

無機質なコンクリートできれいに整備され、ヴィンテージごとにきちんと仕切られボトルが積まれている。あのカーブ独特のカビ臭さや埃《ほこり》っぽさはどこにもなくて、均一に照らされている灯りの先には、絵画を始めとするアート作品が、ディスプレイされていた。まるで誰もいないミュージアムに足を踏み入れたかのように、私たちの足音だけが、かつんかつん、とカーブの中に響き渡る。オーナーがアートの分野に興味を持っていて、各ヴィンテージの雰囲気に合った若手のアーティストを選出し、彼らの作品をカーブの壁に掛けているのだと、案内してくれたマダム・アンが教えてくれた。その中で、白人の女性モデルがパルムドールロゼを浴びるように飲む写真がひと際目を引いた。ロゼはアサンブラージュ（混ぜる）という赤ワインを混ぜて造る方式がほとんどだが、もうひとつ、ロゼワインから造るセニエ方式がある。セニエの直訳が「血抜き」と、あまり良い言葉ではないせいか、最近ではマセラシオン「浸す」という表現を使うようになったのだが、それをあえて「ニコラフィアット社のパルムドールはセニエです」と言わんばかりに強いメッセージ性のあるビジュアルを使ってアピールしているのだ。味わいも、この写真の如く野性味のあるピノ・ノワールを、そのまま口に放り込んだような味がする。当主本人がその昔、恋をしていたディーヴァ（歌姫）がステージで身につけていたブラックパールをイメージして作られたという、凹凸のテクスチャーが施されたボトルも一度見ると忘れることができないほどのインパクトだ。古い歴史のあるメゾンが多い中で、一九七六年、私と同じヴィンテージに生まれた前衛的なメゾンが目指したものは、メゾンそのものをアトリエとし、生み出すシャンパーニュをまるでアート作品のようにすることだったようだ。

冬至が過ぎると、この年も終わりを告げようとしている。今年一年頑張った自分へのご褒美として選ぶプレステージュ・シャンパーニュは、同級生のよしみ、といったら可笑しいけれど、やはりニコラフィアットの珠玉、パルムドールロゼ二〇〇四年だ。

23

小寒

しょうかん

一月五日頃から

「冬至より一陽おこるがゆへに陰気にさからうゆへにますます冷也」

新しい一年の季節のイメージ

シャンパーニュ好きにとって、一番華やかで美味しいシャンパーニュにありつける年末年始をくぐり抜けたら、寒くて家に籠りがちなこの時期に、じっくりと新しい一年をイメージしてみる。季節の節目を、韻を踏むように確かめて、その時々の食材を口にしたら、歩いているだけでも飛び込んでくるたくさんの情報が煩わしく感じてくるし、生き急ぎ、焦ることもなくなる。地球の呼吸と同じように、長くゆったりとした時間の流れを感じてみる。

日本には五節句といって、五つの伝統的な年中行事が季節の節目にある。三月三日の上巳《じょうみ》(桃の節句ひな祭り)、五月五日の端午《たんご》(端午の節句こどもの日)、七月七日の七夕。この三

syoukan

つは有名だが、一月七日の人日《じんじつ》（七草）、九月九日の重陽《ちょうよう》（菊の節句）はあまり知られていない。人日には七草粥を食べ、重陽には菊を愛でるという風習。

年明け、まずやってくるのが人日、七草粥を頂く日だ。おせち料理で疲れた胃腸を休めたり、野菜が少ない冬場に不足しがちな栄養素を補うという効能の他に、邪気を払い万病を防ぐともいわれている。その七草に入っている芹《せり》は、この小寒の頃に生育する。こんなに寒いのにすくすく育つ野菜があるなんて、食べないとバチがあたりそうだし、自然の摂理とはいえ、とっても理に適っている。

質素なお粥を頂いて体をリセットすると、味覚も敏感になってくるもの。甘い、塩っぱい、酸っぱい、苦いが敏感にわかるようになったら、当たり前に美味しいヴィンテージやプレステージュのシャンパーニュではなくて、ノンヴィンテージを味わうに限る。その中でも木樽を使って熟成させた香りと味わいに深みのあるシャンパーニュを頂きたい。シンプルなステンレス樽に比べて、複雑味と奥行きのある味わいがあり、木樽から生み出されるその香りは、アロマオイルの如く心を落ち着けてくれる。

木樽熟成で有名なシャンパーニュといえば、映画「〇〇七」シリーズの劇中でよく登場するボランジジェ社だ。木樽を使ったメゾンの中では、飛び抜けた完成度と安定感を誇る。ジェームスボンドのイメージから、すごく男臭い、骨太系シャンパーニュをイメージしてしまうが、私は、ボンドガールがいないとスパイ稼業に身が入らない、ボンドのお茶目なところが垣間見られるシャンパーニュだと思っている。アイ村というピノ・ノワールのグラン・クリュにメゾンを置きながら、ほとんどのアイテムに三十%ほどのシャルドネが入っている。それが無いと、なんとも素っ気ないシャンパーニュになってしまうように感じる。まさにジェームスボンド（ピノ・ノワール）と、陰で彼を支えるボンドガール（シャルドネ）の絶妙な関係。がっちりしたピノ・ノワールの味わいの次に、木樽から生まれる旨味となめらかな泡。余韻はスパイシーな香りとシャルドネのエレガントさが長く続き、時間をかければかけるほど、さまざまな表情と味わいで楽しませてくれる。

寒の入りともいわれる冬の寒さが一番厳しいこの季節。心も体もリセットしたし準備万端。温かいお部屋で、ゆっくりボランジェでも頂きますか。

大寒

だいかん

——一月二十日頃から

「ひゆることのいたりてはなはだしきときなればなり」

マフラーは上質なカシミヤのものを、いつもより念入りに首に巻いた。すぐになくしてしまう癖があるからと選んだ、好みではないローズピンク色の手袋もクローゼットの奥から引っ張り出したし、コートも一番厚手のものを羽織った。それなのに大寒の寒さは、あっという間に私の体温を奪っていく。行き交う人々の話し声すら白く見えて、まるで冷凍庫の中にいるような冷たさだ。ぐっと口をつぐんで、肩をすぼめて駅までの道を、公園を抜けて歩く。大寒の水は一年経っても腐らないといわれるほど冷たく透き通っている。その水面を水鳥たちはすいすいと泳ぎ、散歩中の犬は遊びたそうに体を弾ませ、霜柱をさくさくと踏んでいる。数日前に少しだけ降った雪も一向に溶ける気配はなく、大きく腕を広げたようなポプラの枝からは雪どけ水を滴らせていた。まるで縮こまった人間の背中を上から見て楽しんで

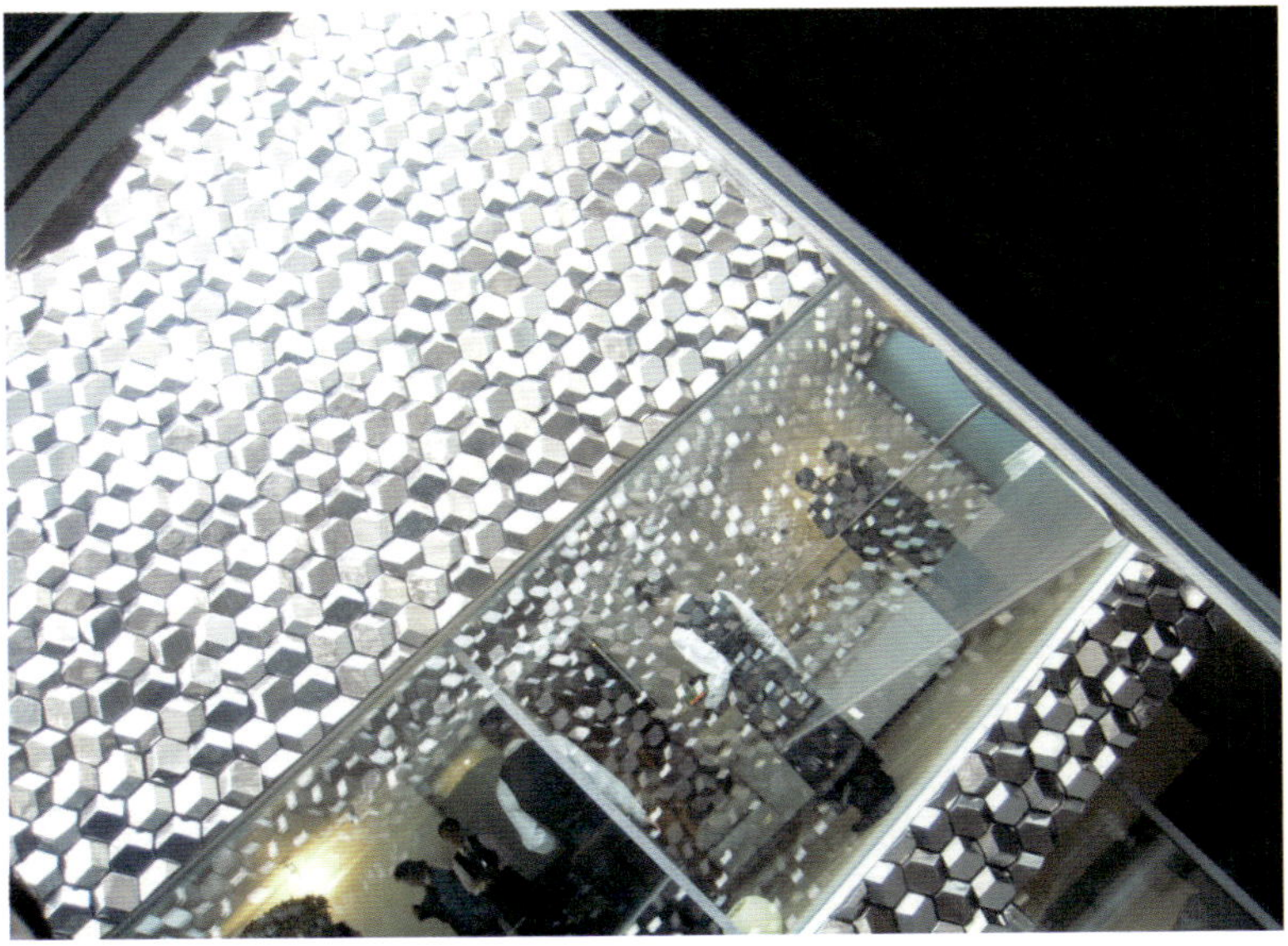

daikan

いるかのようだ。自然の強さと雄大さには、やはりかなわない。

déjà-vu

　この十年間で、端から端までシャンパーニュを飲み尽くした。シャルドネだったら春はクラマン、夏はメニルがいい。ピノ・ノワールはしなやかなヴェルズネイ、コート・デ・バールの葡萄も悪くない。ムニエは花を添える名脇役として欠かせないし、丁寧にムニエに手をかけるメゾンこそ、完成度の高いシャンパーニュを造り出すと思っている。ロゼはシャルドネがしっかりしているほどエレガントで美しく、プレステージュの味わいは、なんといっても最高醸造責任者のセンスだ。葡萄の安定感と質の良さ、きれいな設備がきちんとそろっていることも、もちろん大切だが一番肝心なのは、飲む人のタイミングとシチュエーション。誰と一緒にどこで飲むのか？　と、開ける側のセンスをも問うてくる。贅沢で難しいシャンパーニュだが、このお酒以上に幸福感に満ちたお酒はない。二十四節気の最後を締めくくるプレステージュ、フィリポナ社のクロ・デ・ゴワセをグラスに注ぎ、ゆっくり味わいながらそんなことを考えていた。あれ？　口に含むと、プラムや榠樝《かりん》を煮詰めたような、じゅわりとした味わいが広がった。すごく甘かった。けれど円熟した余韻は、細く長く続き、その香りはいつまでも口の中に残っている。いつものゴワセらしい強いミネラル感がない。本当にクロ・デ・ゴワセなのだろうか？　と確認しようとボトルを手に取ったところで、ぼんやりと目の前が明るくなった。あ、夢だ。もう何日寝込んだのかを忘れてしまうほど、ひどい風邪を引いていたのだった。ベッドの中でうなされながら夢の中で飲んだクロ・デ・ゴワセが、すごく甘かったのだけれど、それがクロ・デ・ゴワセではなかったことに気付くまで、そう長くはかからなかった。なぜなら、まだ飲んだことのないフィリポナのシュプリーム・セック二〇〇〇年を飲むタイミングを見計らっているところで風邪をひいてしまい、しばしお預けになっていたからだ。体調が戻ってから口にしたそれは、デジャヴかと思うほどに、夢の中で飲んだ時と同じ味がして、ふわりと優しい洋梨のような甘さが口の中で広がり、勘違いをしたクロ・デ・ゴワセを彷彿《ほうふつ》とさせる余韻が長く続いた。寒さと病み上がりで、ぎしぎしした体が一気にほぐされていくようだった。

寒い夜に頂く、甘いシャンパーニュという快楽《けらく》。シャンパーニュを飲み尽くした人間にだけに見えてくる、まさに桃源郷のようだ。

あとがき

十八世紀に生まれたシャンパーニュは、古くから、細かく定められた製法と伝統に守られて造られてきた。守ること、それを受け継ぐこと、そしてそこに住む人々がシャンパーニュという土地を誇りに思い、テロワールに感謝し、たくさんの愛情を注いでいるからこそ、現在も色褪せることのない味わいを表現し続け、世界中の人々を魅了し続けてきた。しかし、葡萄畑の総面積は三万五千ヘクタールと狭く、地球上で葡萄が栽培できる最北端でもあるため、日照不足や冷涼な気候が災いして葡萄の成長にむらが出てしまう。そのため、甘さの添加（ドザージュ）や、異なるヴィンテージを混ぜても良い（アサンブラージュ）などの、他のワインの生産地にはない法律が定められ、味わいのバランスを調整することのできる「混ぜても良い唯一のＡＯＣワイン」になった。それ故に味わいが似てきてしまうというのも事実だが、混ぜる文化を生かして表現されるシャンパーニュは、まさしくアサンブラージュの芸術品であり、味わいを決める各メゾンの最高醸造責任者たちは、まさに芸術家そのものである。

「シャンパーニュは確実に美味しくて、確実に楽しくなくてはならない」と、私は思っている。ここに登場した二十四の季節と二十四のシャンパーニュは、私にとって思い入れのある大好きなシャンパーニュばかりで、日本人であるなら、ぜひ飲んで頂きたい表情豊かなものを選んだ。

二〇一一年九月のちょうど白露のあたり、厳しい残暑の中からこの本の執筆が始まり、まだ寒さの残る二〇一二年三月、まさに春分の今、書き上がろうとしている。この間に通り過ぎて行った季節は、緑の少ない東京の佇まいですら、いつもより色濃く、新鮮に感じられた。もっと、もっと、もっと丁寧に生きることは可能なのだと、あらためて感じる七ヶ月だった。シャンプノワ（シャンパーニュ地方に住む人々）同様に、日本に生まれたことを誇りに思い、季節を、大地を感じ、この美しい二十四節気とシャンパーニュを生み出す偉大なる地球と、何よりも私を産んでくれた両親に、感謝と敬意を表したい。

1 ルイ・ロデレール社のプレステージュ（特級）シャンパーニュ。
2 シャルドネのみを使用して作られたシャンパーニュ。
3 シャンパーニュを自社畑の、または買い取ったブドウで生産しているメーカーの事。フランス語で家族、家などを指す言葉。
4 マセラシオン方式かアサンブラージュ方式で作られるピンク色のシャンパーニュ。マセラシオン方式は、赤ワインを作る時のように黒ブドウを皮ごと発酵させてロゼシャンパーニュを作る。アサンブラージュ方式は、白いキュベに赤ワインを足して作る。大半はこちらの作り方。
5 シャンパーニュに使われる唯一の白ブドウ。皮はグリーンで果肉は白。
6 各メゾンの最高級（特級）シャンパーニュ。
7 ヴァレ・ド・ラ・マルヌ地区（地図Ⅲ参照）の東に位置するグラン・クリュの村の名。地図Ⓚ参照。
8 モンターニュ・ド・ランス地区の北に位置するグラン・クリュの村の名。地図Ⓕ参照。
9 シャンパーニュに使われる黒ブドウ。皮は黒で果肉は白。
10 コート・デ・ブラン地区に位置するグラン・クリュの村の名。地図Ⓝ参照。
11 シャンパーニュの甘辛度。残糖分、リットル当たり十二グラム以下で辛口という意味。
12 ブドウ果汁の一番搾りの事。
13 同じ収穫年だけで作られたシャンパーニュの事。瓶内熟成の期間は最低三年と規定されている。
14 アルコール発酵後におこる、ワインの中のリンゴ酸を乳酸に変化させる現象。ワインの酸味をまろやかにする効果がある。
15 門出のリキュールと呼ばれ、最後コルクを打つ前に味の調整として入れられるリキュール（ワインと砂糖）。
16 完成度の高いシャンパーニュの余韻の総称。最高にエレガントで最高に熟成感がある等。
17 シャルドネのグラン・クリュ「ル・メニル・シュル・オジェ」の略。地図Ⓠ参照。
18 コート・デ・ブラン地区に位置するグラン・クリュの村の名。地図Ⓞ参照。
19 ブドウ畑の格付けの最高に値する畑の事。
20 コート・デ・ブラン地区に位置するグラン・クリュの村の名。地図Ⓜ参照。
21 シャンパーニュ地方四大ブドウ栽培地域のひとつ。地図Ⅱ参照。
22 シャンパーニュ地方の中心地の地名。

23　修道士の名前。
24　ピノ・ノワールのグラン・クリュの村の名。地図🅘参照。
25　シャンパーニュの甘辛さの表記。ドザージュがリットル当たり六グラム以下で、ブリュットより辛口な味わいになる。
26　ブドウを栽培している土地の気候と土壌と地形の総称。
27　シャンパーニュの貯蔵庫。
28　ブドウ栽培者兼醸造業者。自社畑のブドウでシャンパーニュを醸造する生産者。
29　シャンパーニュに使用される黒葡萄。皮は黒で果肉は白。シャンパーニュ地方以外ではあまり栽培されていない。冷涼な気候でも育つ。
30　完成度の高いシャンパーニュの余韻の総称。最高にエレガントで最高に熟成感がある等。
31　シャンパーニュ地方四大ブドウ栽培地域のひとつ。地図Ⅰ参照。
32　ピノ・ノワールのグラン・クリュの村の名。地図🅒参照。
33　ピノ・ノワールのグラン・クリュの村の名。地図🅔参照。
34　ピノ・ノワールのグラン・クリュの村の名。地図🅑参照。
35　ピノ・ノワールのグラン・クリュの村の名。地図🅖参照。
36　ピノ・ノワールのグラン・クリュの村の名。地図🅓参照。
37　ネゴシアン・マニピュランの略。自社畑のブドウと買い付けたブドウでシャンパーニュを生産している。
38　ブドウ仲買人のこと。
39　シャンパーニュ地方四大ブドウ栽培地域のひとつ。地図Ⅳ参照。
40　コート・デ・バール地区（地図Ⅳ参照）に位置する村の名。
41　複数年のワインをアサンブラージュして作られるシャンパーニュの事で、瓶内熟成の期間は最低十五ヶ月。
42　ピノ・ノワールのプルミエ・クリュの村の名。
43　グラン・クリュに次ぐ格付け。シャンパーニュ地方では、三二〇あまりの村の内、四十一の村がプルミエ・クリュに格付。

監修　シャンパーニュ地方ワイン生産同業委員会（comité Interprofessionnel du Vin de Champagne）

● 大　暑　キュヴェ・ピエール・モンキュイ－デロス グランクリュ
● 立　秋　クリスチャン・ブザン ブリュット・トラディション グランクリュ
● 小　雪　ガティノワガティノワ グランクリュ ロゼ
輸入元　横浜君嶋屋
〒232-0012神奈川県横浜市南区南吉田町3-30
Tel:045-251-6880　Fax:045-251-6850　www.kimijimaya.co.jp

キュヴェ・ピエール・モンキュイ－デロス グランクリュ

シャルドネの聖地『メニル シュール オジェ』村の葡萄を使用。引き締まった酸と溌剌としたミネラル感が特徴。

クリスチャン・ブザン ブリュット・トラディション グランクリュ

最良のピノノワール産地『ヴェルズネイ』『ヴェルズィ』村に畑を所有。複雑な香りでバランスの良い味わい。

ガティノワガティノワ グランクリュ　ロゼ

ピノノワールの品質で定評である『アイ』村に最上区画の畑を所有。豊潤な果実の味わいの、力強いロゼ。

● 処　暑　ボワゼル シャンパーニュ ブリュット レゼルヴ
輸入元　ピーロート・ジャパン
〒108-0075　東京都港区港南2-13-31
Tel:03-3458-4455　Fax:03-3458-4538　www.wineway.jp

● 白　露　ドラピエ キュヴェ シュルル・ドゴール 2006
輸入元　テラヴェール
東京都港区東赤坂4-1-31 アカネビル
Tel:03-3568-2415　Fax:03-3584-2681　www.terravert.co.jp

● 秋　分　テタンジェ コント・ド・シャンパーニュ ブラン ド ブラン
輸入元　日本リカー
〒108-0073　東京都港区三田2丁目14番5号 フロイントゥ三田ビル
Tel:03-3453-2201　Fax:03-3453-2209　www.nlwine.com

● 寒　露　ビルカールサルモン ロゼ
輸入元　ラ・ラングドシェン
〒103-0004 東京都中央区東日本橋1-9-10 TEMビル3F
Tel:03-5825-1829　Fax:03-5825-2775　www.lovewine.co.jp

● 大　雪　パイパー・エドシック ブリュット ヴィンテージ 2000
輸入元　REMY COINTREAU JAPAN
〒105-0001 東京都港区虎ノ門3-8-25 日総第23ビル 7F
Tel:03-6459-0740　Fax:03-6459-0744　www.remy-cointreau.com

● 冬　至　ニコラフィアット パルムドール ロゼ ブリュット 2004
輸入元　日本酒類販売
〒104-8254 東京都中央区新川1-25-4
Tel:0120-866-023　Fax:03-3552-6955　www.nishuhan.co.jp

● 小　寒　ボランジェ スペシャル・キュヴェ
輸入元　アルカン
〒103-0014 東京都日本橋蛎殻町1-5-6 盛田ビルディング
Tel:03-3664-6591　Fax:03-3664-6599　www.arcane-jp.com

● 大　寒　フィリポナ
輸入元　富士インダストリーズワイン事業部
〒105-0004 東京都港区新橋2-5-5 新橋2丁目MTビル
Tel:03-3593-5415　Fax:03-3539-5412　www.ficwine.com

輸入元情報

● 立　春　ルイナール ブラン・ド・ブラン
● 立　夏　モエ エ シャンドン モエ アンペリアル
輸入元　MHDモエ ヘネシー ディアジオ
〒101-0051 東京都千代田区神田神保町1-105 神保町三井ビル13F
Tel:03-5217-6900　Fax:03-5217-6901　www.mhdkk.com

● 雨　水　ボーモン・デ・クレイエール フルール・ド・ロゼ 2004
輸入元　モトックス
〒577-0802 大阪府東大阪市小阪本町1-6-20
お客様相談室 Tel:0120-344101　www.mottox.co.jp

品質への熱い想いを受け継ぐ生産者。クール・ド・キュヴェと呼ばれる最高純度の果汁から、長期熟成を経てなお輝く酸のあるシャンパーニュを生み出す。

mottox

● 啓　蟄　ペリエ ジュエ グラン ブリュット
● 清　明　G.H.マム ロゼ
輸入元　ペルノ・リカール・ジャパン
〒112-0004 東京都文京区後楽2-6-1 住友不動産飯田橋ファーストタワー34F
Tel:03-5802-2671　www.pernod-ricard-japan.com

● 春　分　ランソン・ノーブル・キュヴェ・ヴィンテージ・ブリュット
輸入元　アサヒビール株式会社（お客様相談室）
〒130-0001 東京都墨田区吾妻橋1-23-1
Tel:0120-011-121　www.asahibeer.co.jp

● 穀　雨　ディエボルトヴァロワ ブラン ド ブラン ブリュット プレステージュ
● 霜　降　ベレッセ エ フィス ブリュット レゼルヴ
輸入元　豊通食料
〒108-0075 東京都港区港南2-3-13 ワイン課
Tel:03-5288-3854　www.vin-de-t.com

● 小　満　ドゥモアゼル ロゼ ブリュット
輸入元　ヴランケン・ジャパン
〒104-0041 東京都中央区新富1-3-11 銀座ビル6F
Tel:03-6411-5491　Fax:03-6411-5484　www.vranken-japan.co.jp

● 芒　種　マイィ グランクリュ エキストラ・ブリュット
輸入元　オエノングループ 合同酒精
〒104-8162　東京都中央区銀座6-2-10
Tel:03-3575-2787　www.oenon.jp

● 夏　至　サロン・ブラン・ド・ブラン ブリュット 1999年
輸入元　ラック・コーポレーション
〒107-0052 東京都港区赤坂3-2-12 赤坂ノアビル8F
Tel:03-3586-7501　Fax:03-3586-7504　www.luc-corp.co.jp

● 小　暑　デユヴァル ルロワ・ブリュット・デザイン・パリ
輸入元　ヴィレッジ・セラーズ
〒935-0056　富山県氷見市上田上野6-5
Tel:0766-72-8680　Fax:0766-72-8681　www.village-cellars.co.jp

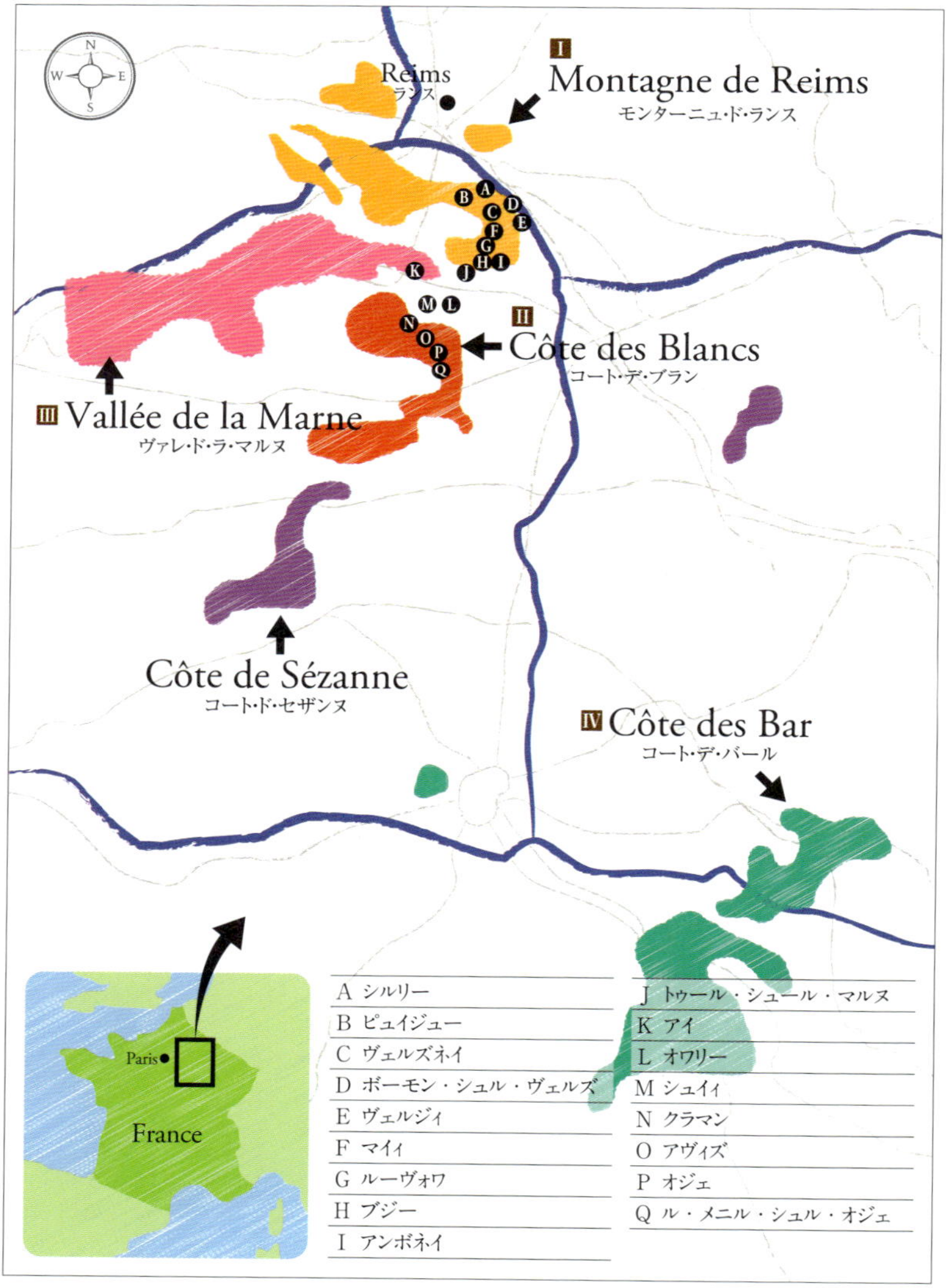
N
W
E
S
Reims
ランス
I Montagne de Reims
モンターニュ・ド・ランス
II Côte des Blancs
コート・デ・ブラン
III Vallée de la Marne
ヴァレ・ド・ラ・マルヌ
Côte de Sézanne
コート・ド・セザンヌ
IV Côte des Bar
コート・デ・バール
Paris
France
A シルリー
B ピュイジュー
C ヴェルズネイ
D ボーモン・シュル・ヴェルズ
E ヴェルジィ
F マイィ
G ルーヴォワ
H ブジー
I アンボネイ
J トゥール・シュール・マルヌ
K アイ
L オワリー
M シュイィ
N クラマン
O アヴィズ
P オジェ
Q ル・メニル・シュル・オジェ

【著者プロフィル】

木村佳代（きむら・かよ）

1976年　栃木県生まれ。
2005年　シャンパーニュ地方ワイン生産同業委員会（C.I.V.C.）
　　　　シャンパーニュ・アカデミー卒業。
2006年　東京、麻布十番にて、シャンパーニュ・バー「tiQuoi（チクワ）」をオープン。
2007年　シャンパーニュ騎士団シュバリエ叙勲。

シャンパーニュの二十四節気

初版 1刷発行 ●2012年6月15日

著　者
木村 佳代

発行者
薗部 良徳

発行所
㈱産学社
〒101-0061 東京都千代田区三崎町2-20-7 水道橋西口会館7F　Tel. 03（6272）9313　Fax. 03（3515）3660
http://sangakusha.jp/

企画・編集
Lato B editorial　久保田 雄城
〒107-0062 東京都港区南青山2-2-15 ウィン青山1403　Tel. 050（3630）4468
latobeditorial@gmail.com

印刷所
㈱シナノ

ISBN978-4-7825-7102-6 C0077